EDIFICIOS DE LA GRANJA

LA VIDA EN LA GRANJA

Lynn M. Stone
Traducido por Eida de la Vega

Rourke Publishing LLC
Vero Beach, Florida 32964

www.rourkepublishing.com

DERECHOS DE LAS FOTOGRAFÍAS:
Todas la fotografías © Lynn M. Stone

SERVICIOS EDITORIALES
Pamela Schroeder

Catalogado en la Biblioteca del Congreso bajo:

Stone, Lynn M.

ISBN 1-58952-182-X

Impreso en EE. UU. – Printed in the U.S.A.

CONTENIDO

EDIFICIOS DE LA GRANJA

Los edificios de la granja protegen las personas, los animales y los **cultivos** del mal tiempo. También proporcionan a los granjeros un sitio para **almacenar** cosas, como por ejemplo, tractores.

Los colonos llegados de Europa construyeron edificios en las granjas por primera vez en el siglo XVI. Estos antiguos edificios se fabricaban de madera y piedra. Más tarde, los granjeros emplearon madera, piedra, concreto y metal.

Estos edificios de una granja en Nueva York sirven de abrigo a las cosechas, los animales y las personas.

Las granjas de Estados Unidos han cambiado mucho en los últimos 500 años. Muchos edificios ya no se usan en las granjas actuales. Por ejemplo, visitemos una granja en Vermont, alrededor de 1850.

Esa granja tendría una casa, un granero y un **silo**. Las modernas granjas **lecheras** también tienen esos edificios. Pero la vieja granja en Vermont también tendría un ahumadero y un depósito de hielo. Tendría un excusado fuera de la casa y una **herrería**. Podría tener un molino de viento y diferentes edificios para albergar animales.

La mayor parte de esta vieja granja de Vermont se construyó a finales del siglo XVIII.

La carne fresca se llevaba al ahumadero. Allí se ponía a secar, se salaba y se ahumaba.

Hoy en día, la carne fresca se empaca fuera de la granja. La carne se guarda en refrigeradores y congeladores. Las carnes ahumadas se elaboran en **plantas empacadoras**.

El depósito de hielo protegía grandes bloques de hielo del sol. El hielo era la única forma de mantener los alimentos fríos allá por 1850. Los refrigeradores y la electricidad pusieron fin a la necesidad de los depósitos de hielo.

Un viejo granero de madera redondo está rodeado de edificios más nuevos y silos de acero.

El excusado era un baño situado fuera de la casa. La electricidad y la plomería moderna acabaron con el uso de los excusados.

Al cambiar la agricultura, muchos edificios de la granja también desaparecieron. Por ejemplo, los granjeros empezaron a criar solamente uno o dos tipos de animales. Ya no necesitaban diferentes edificios para los animales.

Los molinos de viento han desaparecido de la mayor parte de las granjas de Estados Unidos.

Una vaca Holstein parece leer el cartel que cuelga en la lechería.

Este viejo cobertizo quizás albergó alguna vez el camión oxidado.

GRANEROS, ESTABLOS Y SILOS

Los edificios más grandes de una granja son los graneros y los establos. Los graneros y los establos de Estados Unidos son de muchos tamaños y formas. Algunos granjeros todavía usan graneros y establos que datan de hace más de 100 años. En los graneros se guarda el grano: trigo, maíz, etc.

Los establos sirven de casa a las vacas, a los caballos, a las ovejas y a los cerdos. Los establos para los caballos se llaman cuadras.

Los animales viven en la planta baja del establo. Entran y salen por los portones.

Este pequeño edificio sirve de gallinero.

Las granjas de tabaco poseen unos edificios especiales que ayudan a que las plantas se sequen. Otra planta, el heno, se almacena en los **heniles** de los establos de animales. El henil es como el desván de un establo. El heno se almacena en atados llamados **balas** o como paja suelta.

Los **silos** suelen estar junto a los establos. Un silo es un enorme tubo cubierto. Guarda alimento molido para los animales.

La imagen de una lechería de 100 años de Wisconsin se refleja en un riachuelo.

OTROS EDIFICIOS

Muchos granjeros almacenan maíz en grandes recipientes de metal. Los granjeros solían almacenar el maíz en graneros especiales.

Los depósitos de leche forman parte de las granjas lecheras. Un depósito de leche es un cuarto con un tanque grande. La leche viaja por un tubo desde el establo hasta el tanque.

Los silos, a la derecha de este viejo establo de seis lados, son de madera.

Los cobertizos se usan para guardar tractores y otras máquinas agrícolas. En los cobertizos también se guardan herramientas, llantas y madera.

En zonas del medio oeste y noreste de Estados Unidos, las granjas tienen refinerías de azúcar. La **savia** del arce se hierve hasta que se convierte en sirope de arce en las refinerías.

La leña se apila fuera de una vieja refinería en Vermont. La madera servirá para poder hervir la savia del arce.

Los granjeros mantienen los pollos en gallineros. Es allí donde ponen los huevos.

Las grandes y modernas granjas de cerdos mantienen los cerdos en establos largos y de poca altura con corrales dentro. Los cerdos afuera viven en pequeños establos llamadas **pocilgas**.

GLOSARIO

almacenar — guardar algo en un lugar por un tiempo determinado

bala — atado de heno o paja

cultivo — campo o huerto de plantas comestibles maduras tales como maíz o manzanas

henil — desrán de un establo, que se usa para almacenar heno

herrería — lugar donde se les coloca herraduras a los caballos

lechera — relacionada con el ordeño de las vacas, la leche y los productos lácteos

planta empacadora — fábrica o edificio donde se corta y se empaca la carne

pocilga — establo con corral para los cerdos

savia — líquido que fabrican las plantas para llevar el alimento a las ramas y a las hojas

silo — edificio en forma de tubo donde se almacena el alimento para los animales

ÍNDICE

Lecturas recomendadas

Kalman, Bobbie D. *In the Barn*. Crabtree, 1996

Páginas Web recomendadas

www.billingsfarm.org
www.farmmuseum.org

Acerca del autor

Lynn Stone es autor de más de 400 libros infantiles. Sacar fotografías de la naturaleza es otro de sus talentos. Lynn, que antes fue maestro, viaja por todo el mundo para fotografiar la vida salvaje en su hábitat natural.